全国高等职业学校机械类专业

电工电子技术基础
（第三版）习题册

谢京军 主编

中国劳动社会保障出版社

简介

本习题册是全国高等职业学校机械类专业教材《电工电子技术基础（第三版）》的配套用书。习题册内容紧扣教材的教学要求，题型全面，题量充足，作业练习与综合测试相互衔接，有助于学生复习巩固所学知识。

本习题册由谢京军担任主编，王勇担任副主编，关开芹、郭庆玲、咸晓燕参加编写。

图书在版编目(CIP)数据

电工电子技术基础（第三版）习题册/谢京军主编. -- 北京：中国劳动社会保障出版社，2021

全国高等职业学校．机械类专业

ISBN 978-7-5167-5068-1

Ⅰ.①电… Ⅱ.①谢… Ⅲ.①电工技术-高等职业教育-习题集②电子技术-高等职业教育-习题集 Ⅳ.①TM-44②TN-44

中国版本图书馆 CIP 数据核字(2021)第 249658 号

中国劳动社会保障出版社出版发行

（北京市惠新东街 1 号 邮政编码：100029）

*

三河市华骏印务包装有限公司印刷装订 新华书店经销

787 毫米×1092 毫米 16 开本 5 印张 114 千字

2021 年 12 月第 1 版 2024 年 5 月第 3 次印刷

定价：10.00 元

营销中心电话：400-606-6496

出版社网址：http://www.class.com.cn

http://jg.class.com.cn

目　录

模块一　电路基础及简单直流电路

课题一　电路基础知识

一、填空题

1. 一个完整的电路由________、________、________及__________四部分组成。

2. 电流是____________形成的。规定以________定向移动的方向为电流的正方向。

3. 5 s 内通过某导体横截面的电荷为 0.6 C，则电路中电流的大小为_____A，也就是_____mA。

4. 电位与电压之间的关系可以描述为____________________________________。

5. 物体按导电性能不同可分为________、________、________三类。

6. 在温度一定的条件下，__________随________变化而变化的关系曲线，称为电阻的伏安特性曲线。

7. 可以通过电阻伏安特性的斜率大小来判断电阻值的大小，斜率越大表明电阻值______。

8. 电阻器在实际选用中主要考虑__________、__________和__________三个参数。

9. 测量完毕后，数字式万用表应立即__________，指针式万用表转换开关应旋在____________。

10. 所谓全电路是指________________，它由________和________两部分组成。

11. 电路有短路、________和________三种状态。

12. 电源的开路电压等于____________。

13. 通过大电流的负载称为________，通过小电流的负载称为________。

14. 1 度 = ________kW · h。

15. 电气设备通常有_______、________和________三种工作状态。

16. 负载获得最大功率的条件是____________________。

二、选择题

1. 脉动直流电的特点是随着时间的变化（　　）。

A. 大小和方向均不变　　　　B. 大小不变，方向改变
C. 大小改变，方向不变　　　　D. 大小和方向均改变

2. 某一导体在一定温度下电阻值为 4 Ω，若将其长度变为原来的两倍，横截面积变为原来的 1/2，则其电阻值将变为原来的（　　）。

A. 不变　　B. 4 倍　　C. 1/4　　D. 不确定

3. 下面叙述不正确的是（　　）。

A. 电位的大小与参考点的选择有关
B. 电动势是衡量电源力做功大小的物理量
C. 电压是衡量电场力对电荷做功本领大小的物理量
D. 电压的大小与参考点的选择有关

4. 为防止电路中出现短路现象，实际应用时常使用（　　）来实现短路保护。

A. 熔断器　　B. 断路器　　C. 继电器　　D. 电阻器

5. 由电源的外特性曲线可知：在电源的电动势和内阻一定的情况下，电源的端电压随输出电流的增大而（　　）。

A. 增大　　B. 不变　　C. 下降　　D. 不确定

三、判断题

1. 金属导体中的电流是由自由电子有规则地定向移动形成的。（　　）
2. 电流的参考方向可以任意假设。（　　）
3. 只有大小和方向都不随时间变化而变化的电流才称为直流电。（　　）
4. 电压是衡量电源力对电荷做功本领大小的物理量。（　　）
5. 电压和电动势的物理含义是相同的，单位也相同。（　　）
6. 导体的电阻在一定温度下与导体长度成正比，与导体横截面积成反比，并与材料的性质有关。（　　）
7. 任何导体都有电阻，并且电阻值不随外界环境的变化而变化。（　　）
8. 万用表只能测量电压、电流或电阻。（　　）
9. 简单地说，内电路是指电源内部的电路，包括电源电动势和电源的内阻，其电流由电源的正极流向负极，外电路则是指电源以外的电路。（　　）
10. 在电源电动势和内阻一定的情况下，电源的端电压随输出电流的增大而下降。（　　）
11. 在电源内阻一定时，电路接大负载时端电压下降得多，接小负载时端电压下降得少。（　　）
12. 电功的大小仅取决于负载功率的大小。（　　）
13. 当负载获得最大功率时，电源的效率只有 50%。（　　）

四、简答题

1. 电路的作用是什么？

2. 画出开关、电池、电阻、电容器、二极管和指示灯的图形符号及文字符号。

3. 电流的定义用什么公式表示？电流的大小与哪些因素有关？

4. 直流电与交流电的区别是什么？

5. 在下图中标出电压、电流以及电动势的方向。

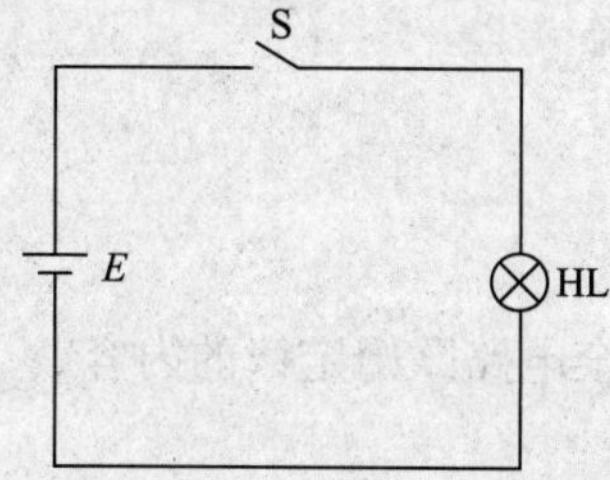

6. 电位与电压的异同点是什么？

7. 在某一温度下，对电路中的一段导体进行测量，测得下表所示的一组数值，根据该组数值画出导体的伏安特性曲线，并求出导体电阻的大小。

导体两端的电压（V）	15	20	24	30
流过导体的电流（A）	3	4	4.8	6

8. 如何用数字式万用表测量交流电压？

9. 简述部分电路欧姆定律和全电路欧姆定律的内容。

10．什么是额定值？记录生产或生活中某一用电设备的额定值，并解释其含义。

11．为什么外电阻与电源内阻相等时负载能获得最大功率？

五、计算题

在下图所示的全电路中，已知 $E=16\ \text{V}$，$r=4\ \Omega$，当负载电阻 RP 为多大时可以获得最大功率？此时电路中的电流是多少？负载所获得的最大功率是多少？

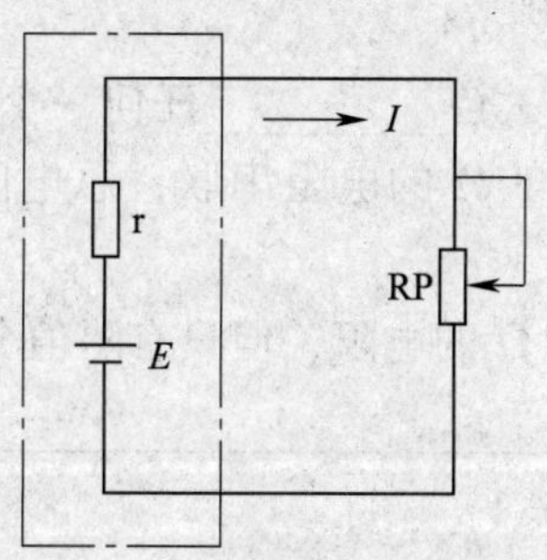

课题二　简单直流电路

一、填空题

1. 在串联电路中，阻值越大的电阻分得的电压越________，阻值越小的电阻分得的电压越____________。也就是说各电阻上的电压大小与电阻大小成________，这就是串联电路中电阻的____________作用。

2. 根据串联电路的特点，用电阻串联实现__________和____________作用，或者用来获得较大电阻。

3. 利用电阻串联的分压作用可以实现扩大______________的目的。

4. 若两个电阻串联，总电阻为 72 Ω，其中一个电阻为 30 Ω，则另一个电阻为_____Ω。

5. 将 5 个 20 Ω 的电阻串联，则总等效电阻为______Ω。

6. 若将 n 个阻值为 R 的电阻串联，则等效电阻为______；将 n 个阻值为 R 的电阻并联，则等效电阻为______。

7. 电阻 R1 和 R2 串联时两端的电压分别为 5 V 和 3 V，则 $R_1:R_2=$__________，$R_1:R_{总}=$____________。

8. 并联电路中阻值越大的电阻所分配到的电流越________，阻值越小的电阻所分配到的电流越________。

9. 电阻并联后，总等效电阻一定__________任何一个并联电阻的阻值。

10. 一个 20 Ω 的电阻和一个 5 Ω 的电阻串联，总电阻为________Ω；若将它们并联，总电阻为__________Ω。

11. 修理电器时需要一个 150 Ω 的电阻，但只有阻值分别为 100 Ω、200 Ω、600 Ω 的电阻各一个，可代用的方法是____。

二、选择题

1. 照明灯具以（　　）方式接在实际电路中。

A. 串联　　B. 并联　　C. 混联　　D. 无法确定

2. 电阻 R1 与 R2（$R_1>R_2$）并联时，有（　　）。

A. $I_1>I_2$　　B. $P_1<P_2$　　C. $U_1>U_2$　　D. $I_1=I_2$

3. 两个额定电压相同的电阻串联在适当的电压上，则功率较大的电阻（　　）。

A. 发热量大　　B. 发热量小

C. 与功率较小的电阻发热量相同　　D. 无法确定

4. 两个电阻的阻值分别为 1 Ω 和 10 Ω，并联使用时总电阻的范围是（　　）。

A. 大于 10 Ω　　B. 1 ~ 10 Ω

C. 小于 1 Ω　　D. 无法确定

5. 四个阻值相同的电阻，三个串联后与一个并联比三个并联后与一个串联的阻值（　　）。

A. 大　　B. 小　　C. 一样　　D. 无法确定

6. 为使内阻为 9 kΩ、量程为 1 V 的电压表量程扩大到 10 V，可串联一只（　　）kΩ 的分压电阻。

A. 1　　B. 90　　C. 81　　D. 99

7. 有四只功率相同的灯泡，额定电压均为 6 V，现只有 12 V 的电源电压，要想使灯泡均能正常工作，下列电路接法正确的是（　　）。

A.

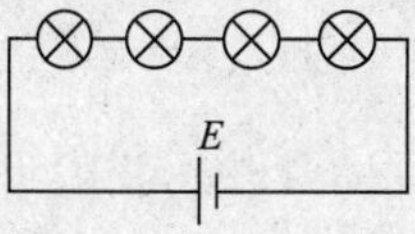

B.

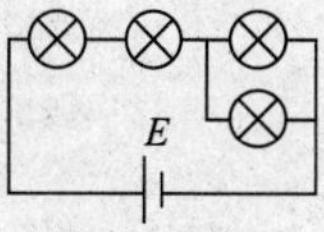

C.

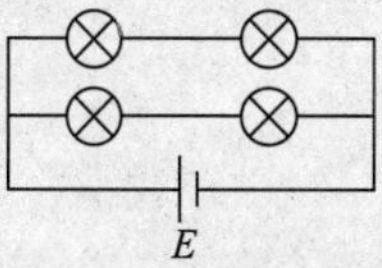

D.

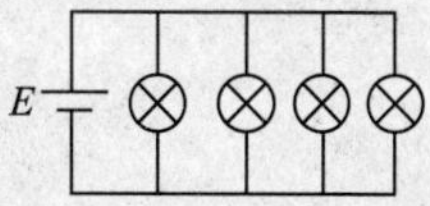

8. 将 40 W/110 V 的灯泡和 100 W/110 V 的灯泡串联在 220 V 的电路中，则（　　）。

A. 两灯泡正常发光　　B. 100 W 的灯泡较亮

C. 40 W 的灯泡较亮　　D. 40 W 的灯泡将烧坏

三、判断题

1. 电阻串联的数量越多，总等效电阻阻值越大。（　　）
2. 电阻串联后，总等效电阻增大，而在电源电压不变的情况下，电阻越大，电流越小。（　　）
3. 串联电路中电流处处相等。（　　）
4. 并联电路的总电阻为各电阻的倒数之和。（　　）
5. 等效电路与原电路具有相同的伏安特性。（　　）
6. 工作电压相同的负载应采用串联连接。（　　）
7. 无论电阻串联还是并联，电路消耗的总功率都等于各分电阻所消耗的功率之和。（　　）

四、简答题

1. 简述电阻串联电路的特点。

2. 简述电阻并联电路的特点。

五、计算题

1. 一只 10 Ω 的灯泡，正常工作时的电流为 0.2 A，现在只有一个 6 V 的电源，要使灯泡正常工作，应采取什么措施？试通过计算说明。

2. 将一个阻值为 20 Ω 的电阻（R1）接入电压恒定的电路中，通过电阻的电流（I_1）为 2 A，若在电路中再串联一个阻值为 60 Ω 的电阻（R2），则通过电阻 R1 的电流是多少？

3. 如下图所示电路中，已知 $R_2=15\ \Omega$，断开开关 S 时，电流表的读数为 0.1 A；闭合开关 S 后电流表的读数为 0.3 A，则 R1 的阻值为多少？

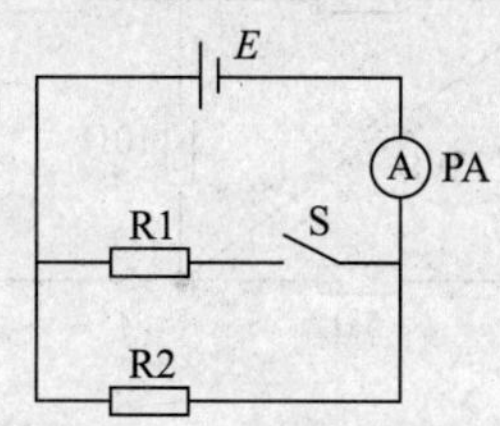

4. 如下图所示电路中，电源电压为 4 V，$R_1=8\ \Omega$，$R_2=16\ \Omega$，$R_3=8\ \Omega$，则三个电流表的读数分别为多少？

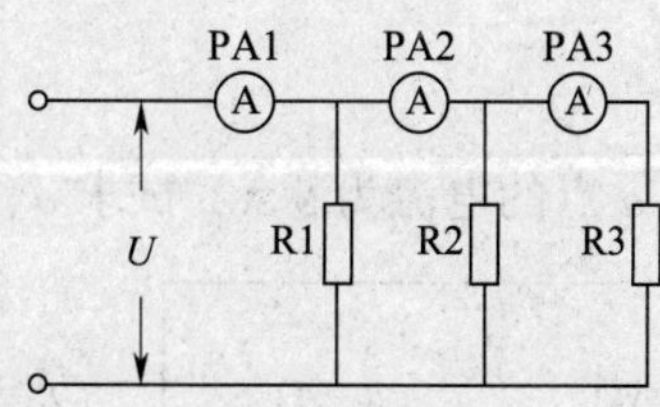

5. 某同学在修理电子设备时，需要一个 12 Ω 的电阻，但只有阻值为 30 Ω、25 Ω、20 Ω、10 Ω、8 Ω、4 Ω 的定值电阻（各一个）可供选择，有哪几种方法可以得到 12 Ω 的电阻？

6. 求下图所示电路的等效电阻 R_{ab} 的阻值。

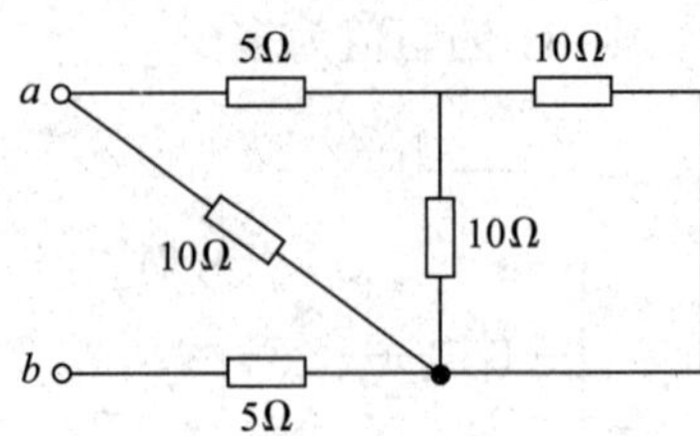

7. 在下图所示电路中，流入 a 点的电流为 5 A，试求 a、b 两点间的电压。

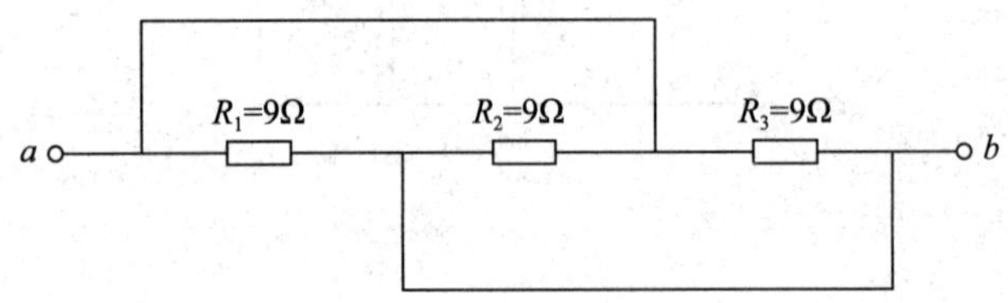

模块二 交流电路

课题一 单相正弦交流电

一、填空题

1. 一般将________和________随时间变化而变化的电流称为交流电，如果是按正弦规律变化，就称为________________。

2. ____________、____________、____________是正弦交流电的三要素。

3. 周期的定义为：____，用符号________来表示。我国工频交流电的周期为________。

4. 若一正弦交流电的周期为0.01 s，则其频率为________ Hz。

5. 我国工频交流电的频率为______ Hz，角频率为______ rad/s。

6. 若正弦交流电的最大值为311 V，则其有效值为________ V。

7. 有效值是根据电流的____________来定义的。

8. 把由一根____________和一根____________组成的交流电路称为单一参数正弦交流电路。

9. 单相二线插座的两个接线柱分别接________和________，顺序是左侧插孔接__________，右侧插孔接__________，即________________。

10. 使用验电笔时有两种握法，一种是______________，另一种是______________。

11. 验电笔主要用于检测______________，其测量范围为______________。

12. 万用表的结构主要包括______________、______________、______________和插孔等。

13. 感抗是用来表示电感线圈对交流电流起________作用的一个物理量，电感线圈的感抗计算公式为________________。

14. 电容是电容器的固有参数，它与极板的面积成________，与两极板间的距离成________。电容用符号________表示，单位为____________、____________、____________。

15. 功率因数可用公式____________来表示，它表示电源功率被利用的程度。电力系统中大多数负载是________________，功率因数较______。

16. 阻抗用字母________来表示，单位为________。当电压一定时，阻抗越大，电流________，阻抗起着________________的作用。

17. 阻抗三角形与电压三角形是________三角形。

二、选择题

1. 交流电每秒变化的角度称为（　　）。

A. 频率　　B. 角频率　　C. 周期　　D. 功率

2. 电气设备上所标注的电压值一般是指电压的（　　）。

A. 瞬时值　　B. 最大值　　C. 有效值　　D. 平均值

3. 若某一正弦交流电的瞬时值表达式为 $u=220\sqrt{2}\sin(100\pi t-120°)$ V，则其有效值和初相位分别是（　　）。

A. $220\sqrt{2}$ V，120°　　B. $220\sqrt{2}$ V，-120°

C. 220 V，120°　　D. 220 V，-120°

4. 若被测交流电压为 400 V 左右，可以选用（　　）V 挡位。

A. ~250　　B. ~500　　C. ~1 000　　D. -500

5. 在纯电感电路中，下面公式（　　）是正确的。

A. $I=\frac{U_L}{X_L}$　　B. $i=\frac{u_L}{X_L}$

C. $i=\frac{U_L}{X_L}$　　D. $I_m=\frac{U_L}{X_L}$

6. 在纯电容电路中，下面公式（　　）是不正确的。

A. $Q_C=U_CI$　　B. $I=\frac{U_C}{X_C}$

C. $i=\frac{U_C}{X_C}$　　D. $P_C=u_Ci$

7. 视在功率的单位是（　　）。

A. 瓦（W）　　B. 乏（var）

C. 伏安（V·A）　　D. 欧（Ω）

8. （　　）中电压的相位超前于电流的相位 90°。

A. 纯电阻电路　　B. 纯电感电路

C. 纯电容电路　　D. RL 串联电路

9. 为提高电力系统的功率因数，常在负载两端（　　）。

A. 并联电阻　　B. 串联电阻

C. 并联电容　　D. 串联电容

三、判断题

1. 电气设备上所标注的电压值一般是指电压的有效值。（　　）

2. 电路中各部位在未验电前一律视为有电。（　　）

3. 用验电笔测试某物体，若氖管不发亮，则确定物体不带电。（　　）

4. 使用指针式万用表时，如果用大量程去测量小电压，将会出现指针偏转太小而无法读数，或读数不准确的情况。（　　）

5. 使用指针式万用表时，每次欧姆挡换挡时，都要进行欧姆调零。（　　）

6. 指针式万用表和数字式万用表在使用时没有任何区别。（　　）

7. 电阻是一种耗能元件。（　　）

8. 无功功率就是指无用功率。（　　）

9. 电容器有阻断直流和通过交流的作用。（ ）

10. 纯电感电路与纯电阻电路一样，电流与电压的瞬时值、最大值和有效值都符合欧姆定律。（ ）

11. 纯电感线圈在交流电的一个周期内的平均功率为0，所以无法讨论其功率。（ ）

12. 无功功率实际上是瞬时功率的最大值，它反映线圈与电源能量交换的规模。（ ）

13. 在RL串联电路中，电压相位超前于电流相位一个角度φ。（ ）

14. 在RL串联电路中，$\dot{U}$、$\dot{U}_R$和$\dot{U}_L$可构成一个直角三角形。（ ）

四、简答题

1. 某一家用电器对电源的要求是"220 V、50 Hz"，此交流电的最大值、有效值、周期、频率、角频率各是多少？

2. 什么是正弦交流电的有效值？正弦交流电的有效值和最大值之间有什么关系？

3. 若正弦交流电的瞬时值表达式为$u=220\sqrt{2}\sin(100\pi t+180°)$ V，试画出其波形图。

4. 为防止触电事故的发生，常用一根导线（地线）将电气设备的外壳可靠地连接到大地上。为什么这样能保证用电安全？

5. 对于单相两孔插座的电压，分别用万用表交流 250 V 挡、交流 500 V 挡和交流 1 000 V 挡进行测量，哪一次的测量结果最准确？为什么？

6. 能否用验电笔进行直流电的测试？其与交流电的测试结果有什么不同？

7. 为什么电感电路中电流与电压不同相，而是滞后 90°？

8. 在电容电路中，分别通入$f=500$ Hz和$f=50$ Hz的交流电，哪一个频率的交流电更容易通过电容器？为什么？

9. 什么是有功功率、无功功率和视在功率？它们之间有什么关系？

五、计算题

1. 一个10 μF的电容器，接在$u=220\sqrt{2}\sin(314t+90°)$ V的电源上，试写出电流的瞬时值表达式，并求出电路的无功功率。

2. 下图所示的 RL 串联电路中，已知 $I=5$ A，$P=400$ W，$U=110$ V，交流电频率 $f=500$ Hz。试计算 R 和 X_L 的值。

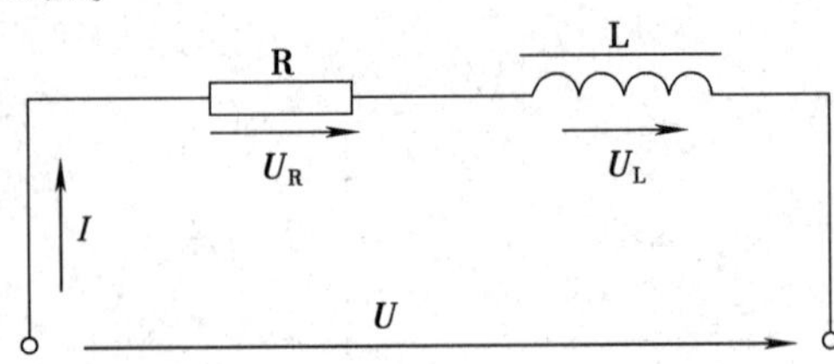

3. 下图所示的 RLC 串联电路中，已知 $U=220$ V，$U_R=220$ V，$I=10$ A，$X_C=40\ \Omega$，试计算 R 及 X_L 的值。

课题二　三相正弦交流电

一、填空题

1. 低电压供电时，多采用________________或________________。

2. 两根相线之间的电压称为____________，电压值为____________；任何一根相线和零线之间的电压称为____________，电压值为____________。

3. 三相交流电是三个交流电的组合，这三个交流电________相等，________相同，相位彼此相差________。

4. 在低压供电系统中，不允许在零线上________________和________，要避免零线断开引起事故。

5. 在三相四线制供电系统中，负载为星形连接时，每相负载承受的电压为______________；负载为三角形连接时，每相负载承受的电压为____________。

二、判断题

1. 三相交流电是三个完全相同的交流电的组合，三个交流电的相位互差120°电角度。（　　）

2. 两根相线之间的电压是380 V。（　　）

3. 三相对称负载为星形连接时，通过零线的电流 I_N 为0。（　　）

4. 在低压供电系统中，允许在零线上安装断路器和开关。（　　）

5. 将三相负载分别连接在三相电源的每两根相线之间的连接方式称为三角形连接。（　　）

三、简答题

1. 零线的作用是什么？

2. 为什么不允许在零线上安装断路器和开关？

四、计算题

1. 在三相对称电路中，电源的线电压为 380 V，每相负载电阻 $R=10\ \Omega$。试计算负载分别接成星形和三角形时的线电流和每相负载承受的电压。

2. 有一个三相对称负载连接在线电压为 380 V 的电源上，每相负载的 $R=16\ \Omega$，$X_L=12\ \Omega$。试计算负载接成三角形时的相电流和线电流。

3. 一台三相笼型异步电动机的铭牌所标注信息中，额定电压为 380 V，额定电流为 8.8 A，定子绕组为三角形连接，试求每相定子绕组所承受的电压，以及流过每相定子绕组的电流。

模块三　供电与安全用电

课题一　工厂供电知识

一、填空题

1. 电力系统是由________、________、________和________组成的统一体。

2. 发电厂又称发电站，是将自然界蕴藏的各种________转换成________的工厂。

3. 发电厂按其所利用的能源不同，可分为________、________、________、________和________等。

4. 工厂供配电系统由________、________、________、________和________组成。

5. 变配电站是电力系统中________、________、________和________的设施。

6. 组合式变电站主要由________、________和________三部分组成。

7. 高压开关柜除具有________外，还具备________保护、________保护和“五防”保护及带电显示功能。

8. 组合式变电站是一种将________组合成一体的新型变配电设备，其具有________、________、________等优点。

9. 供电系统中承担输送和分配电能任务的电路，称为________，也称为________。

10. 电力平面图是一种用________符号和________符号表示建筑物内各种________平面布置的简图。

11. 在电力工程图中，电线、电缆一般由________、________及线路的________、________所构成。

12. 电缆敷设一般采用________、________和________三种方式。

13. 配电系统概略图可以清晰地表示出________与________之间的关系。

14. 识读电力平面图的一般规律为：按________方向依次阅读。

二、选择题

1. 变电所又称为变电站，其作用是接受电能、变换电压和（　　）。

A. 变化功率　　B. 变化电流
C. 输送电能　　D. 分配电能

2. 重负荷（重载）是指用电设备或用电单位所耗用的（　　）的大小。
A. 电功率或电压　　B. 电功率或电流
C. 电压或电流　　D. 电能

3. 发电厂发电机的出口电压一般为（　　）kV。
A. 3.15~15.75　　B. 10~35
C. 110　　D. 220

4. 水力发电厂将水的位能转化成（　　），冲击（　　）旋转。
A. 热能　汽轮机　　B. 热能　水轮机
C. 机械能　水轮机　　D. 机械能　汽轮机

5. 利用半导体光伏效应发电的是（　　）。
A. 火力发电　　B. 水力发电
C. 风力发电　　D. 太阳能发电

6. （　　）kV 的配电电压最为普遍，是大多数电力用户的首选。
A. 0.22　　B. 0.38　　C. 10　　D. 35

7. 一般工厂车间的工作电压是（　　）V。
A. 220　　B. 380　　C. 220/380　　D. 3150

8. 低压主保护开关下级配有（　　）个分路开关。
A. 1~2　　B. 2~4　　C. 3~5　　D. 4~8

9. 在工厂企业中提高电网功率因数的方法是（　　）。
A. 并联电容器　　B. 并联电阻器
C. 串联电容器　　D. 串联电阻器

10. 低压配电变压器输出端电压为（　　）V。
A. 110　　B. 220　　C. 380　　D. 220/380

11. 车间照明线路电压为（　　）V。
A. 36　　B. 110　　C. 220　　D. 380

12. 在绝缘电线型号中，符号“V”的含义是（　　）。
A. 塑料绝缘　　B. 橡皮绝缘
C. 铝芯　　D. 铜芯

13. 在导线敷设方式中，代号“CT”的含义是（　　）。
A. 明敷设　　B. 暗敷设
C. 绝缘子敷设　　D. 电缆桥架敷设

三、判断题

1. 火力发电是利用化学能转换为电能，我国火电厂以燃煤为主。（　　）
2. 企业变电站是大中型企业的专用变电站，电压等级一般为 10 kV。（　　）
3. 不同电压的电力线路和变电所的组合称为电力系统。（　　）
4. 风力发电是一种无污染、可再生的发电方式。（　　）

5. 世界上大多数国家的发电厂都以水力发电为主。 ( )

6. 当电能输送到目的地后，需要经过一次降压后分配到各用户。 ( )

7. 低压一次设备主要指用于供电电压 500 V 以下一次侧的电气设备。 ( )

8. 组合式变电站的变压器室需安装强制排风系统进行散热。 ( )

9. 一般小型工厂不设总降压变电站。 ( )

10. 组合式变电站的低压室分路开关多选用塑壳式断路器。 ( )

11. 车间总电力配电箱多采用沿墙暗装式。 ( )

12. 配电线路文字标注：2-BLX-3×70+1×35-SC-WC，说明该线路电线管采用墙内暗敷的方式。 ( )

四、简答题

1. 什么是火力发电？

2. 简述水力发电方式及其特点。

3. 简述电力负荷的含义。

4. 简要说明变电站在电力系统中的地位及其种类。

5. 发电厂发出的电压能直接输送到用户吗？为什么？

6. 变配电站（所）的主要电气设备有哪些？

7. 解释配电线路 4-BV-3×35+1×16-P-SR 的含义。

课题二　电气安全防护知识

一、填空题

1. 触电时，人体受伤害的严重程度与____________________、____________________、____________________、__________、__________等因素有关。

2. 人体触电最常见的形式有__________________、__________________两种。

3. 防止直接接触触电的技术措施主要有________、__________、__________________等。

4. 防止间接接触触电的技术措施主要有________、__________、__________________等。

5. 接地装置就是用来连接电气设备和大地的装置，包括______________、____________两部分。

6. 目前应用广泛的是______型漏电保护器，按动作结构可分为______________式和______________式。

7. 现场心肺复苏主要有______________、______________、________________三个操

作步骤。

8. 我国规定安全电压额定值的等级为________、________、________、________和________。

9. 为防止设备绝缘损坏外壳带电后引发触电事故，要求将电气设备的__________进行________保护。

10. 人体不要过于靠近带电物体或线路，要保持一定的__________。

11. 电气设备运行时，不要开启电气箱，设备使用完毕，要随时断开__________。

12. 触电急救成功的关键是__________，__________，任何拖延和操作错误都会导致触电者__________。

13. 发生电气火灾的主要原因有__________、__________、__________。

14. 按照燃烧原理，电气灭火一般采取__________、__________、__________三种方法。

15. 当发生火灾后，应做到沉着冷静，迅速拨打__________报警电话。

二、选择题

1. 设置（　　）是为了防止人体触及或接近带电体造成触电事故。

A. 绝缘　　B. 安全距离　　C. 屏护装置　　D. 警示牌

2. 采用（　　）绝缘线作为保护接地线。

A. 黑色　　B. 黄色　　C. 绿色　　D. 黄、绿双色

3. （　　）不属于防止直接接触触电的技术措施。

A. 屏护　　B. 接地　　C. 绝缘　　D. 安全距离

4. 用以预防设备绝缘损坏外壳带电后引发触电事故的措施是（　　）。

A. 保持安全距离　　B. 设备接地

C. 挂安全警示牌　　D. 加强设备绝缘

5. 检修故障设备时，需在设备电源刀开关上悬挂（　　）标志牌。

A. 止步，高压危险　　B. 有电危险

C. 在此工作　　D. 禁止合闸，有人工作

6. 实施触电急救的第一步是（　　）。

A. 拨打 120 急救电话　　B. 切断电源

C. 现场急救　　D. 观察触电者体征

7. 连接接地体和设备接地点之间的金属装置，称为（　　）。

A. 接地装置　　B. 接地体　　C. 接地线　　D. 保护导体

8. 对于无爆炸危险和安全条件较好的场所，可采用（　　）接零保护形式。

A. 保护零线和工作零线共用　　B. 保护零线和工作零线分开

C. 保护零线和工作零线部分共用　　D. 工作零线

9. （　　）灭火器主要用于扑救贵重设备、600 V 以下电气设备及油类的初期火灾。

A. 干粉　　B. 二氧化碳　　C. 泡沫　　D. 水

10. 来不及切断电源或因生产需要带电灭火时，需要注意（　　）。

A. 选用适当灭火器

B. 保持安全距离

C. 戴绝缘手套

D. 正确选用灭火器，戴绝缘手套并保持安全距离

三、判断题

1. 从左手到胸部以及从左手到右脚是最危险的触电途径。 （ ）
2. 直接接触触电是人触及漏电设备的金属外壳或结构而发生的触电。 （ ）
3. 城镇公用低压电力系统应采取接地保护措施。 （ ）
4. 人体触电后能自主摆脱电源的电流一般为 10~16 mA。 （ ）
5. 触电急救的第一步是使触电者迅速脱离电源。 （ ）
6. 当畅通气道后，若触电者仍无自主呼吸，应立即进行胸外挤压。 （ ）
7. 电气设备金属外壳保护接地线应采用截面积不小于 1 mm^2 的导线。 （ ）
8. “三相五线制”是保护零线和工作零线在局部线路分开。 （ ）
9. 紧急情况下，可以使用泡沫灭火器扑灭电气火灾。 （ ）
10. 发现火情及时报警是每个公民应履行的义务。 （ ）

四、简答题

1. 简述触电急救的要点。

2. 什么是心肺复苏法？

3. 什么是直接接触触电？其防范措施有哪些？

4. 什么是间接接触触电？其防范措施有哪些？

5. 简述保护接地与保护接零的基本概念。

6. 漏电保护的作用是什么？

7. 简述断电灭火的步骤。

8. 电气火灾的预防措施有哪些？

模块四　室内电气线路

课题一　导线的选用与连接

一、填空题

1. 电气设备用电线、电缆一般由________、____________、____________三部分组成。
2. BLV 是__________________，BVR 是__________________。
3. 最常见的导线线芯材料是________和________。
4. 在不超过电线、电缆最高工作温度的条件下，允许长期通过的最大电流值称为______________。
5. 对导线连接工艺的基本要求是_____________、_________________、_____________、_____________。
6. 包扎黄蜡带时，黄蜡带与导线保持约______的倾斜角，每圈压叠带宽的________。

二、选择题

1. 用电工刀剖削绝缘层时，应以（　　）切入绝缘层。

A. 45°　　B. 25°　　C. 55°　　D. 15°

2. 包扎黄蜡带时，从导线左边完整的绝缘层上开始，包扎（　　）圈带宽后方可进入无绝缘层的芯线部分。

A. 1　　B. 2　　C. 3　　D. 4

3. 为保证导线有一定的强度，接到设备上的铝芯导线最小截面积为（　　）mm^2。

A. 1.5　　B. 2.5　　C. 1.0　　D. 0.5

三、判断题

1. 铝芯导线和铜芯导线的连接方法相同。（　　）
2. R 系列指的是橡胶、塑料软线。（　　）
3. 铜导线的焊接性能和力学性能比铝导线好，但容易被氧化和腐蚀。（　　）
4. 在照明线路上，线路电压降不得超过干线电压的 4%；动力线路上不得超过 2%。若超过允许压降，应加大导线的截面。（　　）
5. 接到设备上的铜芯导线最小截面积为 1.5 mm^2。（　　）
6. BXR 指的是塑料绝缘软导线。（　　）
7. 用电工刀剖削绝缘层时，以 45°切入塑料层，刀面与芯径保持 25°左右向前推削。（　　）

四、简答题

1. 如何对单股铜芯导线进行 T 形分支连接?

2. 为什么铝芯导线不能采用铜芯导线的连接方式?

3. 如何选择导线截面?

4. 留心观察实习场所的电气线路，记录其所用电线、电缆的型号与规格（至少四种），并与同学们交流，加深对各电线、电缆性质与用途的了解。

课题二　室内线路的安装

一、填空题

1. 镇流器是具有__________的电感线圈，它有两个作用：一是在启动时与启辉器配合，产生___________点燃荧光灯管；二是在工作时利用________在电路中的电感来限制电路中的________。

2. 节能灯因灯管外形的不同，主要分为________、________、________等多种形式。

3. 单相三孔插座的接线原则是________________。

4. 室内照明线路通常采用________和__________两种敷设方式。

5. 根据护套线的安装要求，线卡与线卡之间的距离，通常直线部分取________，弯角处线卡离弯角顶点的距离为________，离开灯、插座的距离为____________。

6. 线槽配线时，直角转弯处线槽应采用________拼接；锯槽底和槽板时，要保持拐角方向__________。

7. 一根线管中所穿的线，应不超过线管空间的________，以确保电线在使用过程中能够正常散热。

二、判断题

1. 启辉器的双金属片是由两种膨胀系数差别很大的金属薄片焊接而成。（　　）
2. 荧光灯启动时，在动、静触片断开瞬间，镇流器两端会产生很高的感应电动势。（　　）
3. 节能灯的使用寿命比较长，且不存在电流热效应，能节约电能。（　　）
4. LED 灯无频闪。（　　）
5. LED 灯节能并环保。（　　）
6. 替代法是照明线路维修故障时常用的一种方法。（　　）
7. 塑料护套线适用于大容量电路的配线。（　　）
8. 护套线可以在线路上直接进行连接。（　　）

三、简答题

1. 照明线路维修的基本步骤是什么？

2. 在荧光灯电路中，镇流器的作用有哪些？

3. 荧光灯照明线路中，以下三种原因会使荧光灯线路出现什么故障？试分析说明，并给出解决方案。

（1）灯座与灯脚接触不良。

（2）镇流器配用不当。

（3）灯光长时间闪烁。

4. 简述护套线配线的基本步骤。

5. 简述塑料线槽配线的基本步骤。

6. 节能灯的节能原理是什么?

四、作图题

1. 画出用双联开关控制一盏灯的电路图，并简述其工作原理。

2. 画出荧光灯的电路原理图。

模块五　交流异步电动机及其基本控制线路

课题一　三相异步电动机

一、填空题

1. 三相笼型异步电动机主要由________和________两大部分组成。

2. 三相笼型异步电动机的定子绕组是电动机的____________部分，由嵌放在定子铁心槽内的三个独立的____________组成。

3. 转子绕组的作用是产生____________驱动转子转动，转子绕组有______________和______________两种结构形式。

4. 电动机定子绕组的连接方式，一般有________和________两种，小容量电动机（3 kW 以下）多采用________接法，容量较大的电动机（4 kW 以上）采用________接法。

5. 三相笼型异步电动机旋转磁场的转速 n_1 取决于______________________和______________________。

6. 一台三相笼型异步电动机的磁极数为 4，则其同步转速为______________。

7. 三相笼型异步电动机在额定工作状态下，其转差率约为______________。

8. 额定电压是指电动机在额定工作状态下运行时，定子绕组规定使用的电源____________，单位为________。

9. 判断电动机首尾端的常用方法主要有____________________、____________________和____________________。

10. 对额定电压 500 V 及以下的电动机，应使用________V 的兆欧表测量，测得的绝缘电阻值应不低于________。

11. 电动机的工作方式可分为_________、_________和_________三种。

12. 三相笼型异步电动机的电气故障主要有定子绕组与转子绕组的________、________和接地等。

二、判断题

1. 减小定子与转子之间的气隙，可以减小空载电流、提高功率因数，所以气隙越小越好。（　）

2. 额定电流是指电动机在额定工作状态下运行时，定子电路输入的线电流。（　）

3. 电动机铭牌上标注的绝缘等级是指电动机所用绝缘材料的耐热等级。（　）

4. 三相笼型异步电动机的转速与旋转磁场的转速相同。（　）

5. 三相笼型异步电动机旋转磁场的转速 n_1 称为同步转速。（　）

6. 电动机的额定功率是指在额定工作状态下电动机从电源输入的电功率。（　　）

三、简答题

1. 三相笼型异步电动机产生旋转磁场的条件是什么？

2. 什么是转差率？

3. 如何改变三相笼型异步电动机的转向？

4. 简述三相笼型异步电动机的工作原理。

5. 简述用低压直流电源法判断三相笼型异步电动机首尾端的步骤。

6. 电动机运行过程中出现过热的原因是什么？应如何进行故障检修？（至少列举三种情况）

四、作图题

画出三相笼型异步电动机三相定子绕组的三角形连接和星形连接的原理图，并在下图中连接好对应的接线端子。

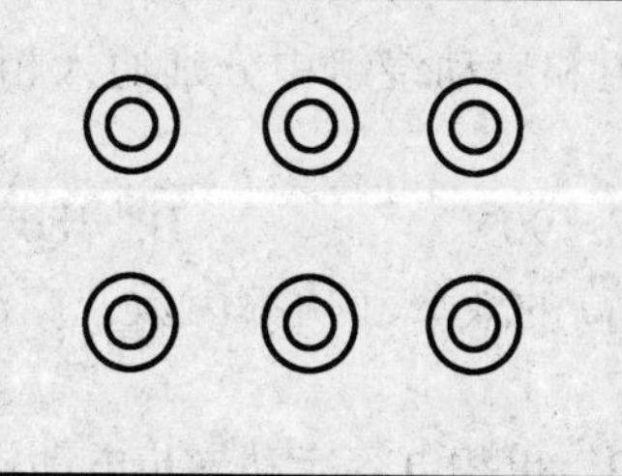

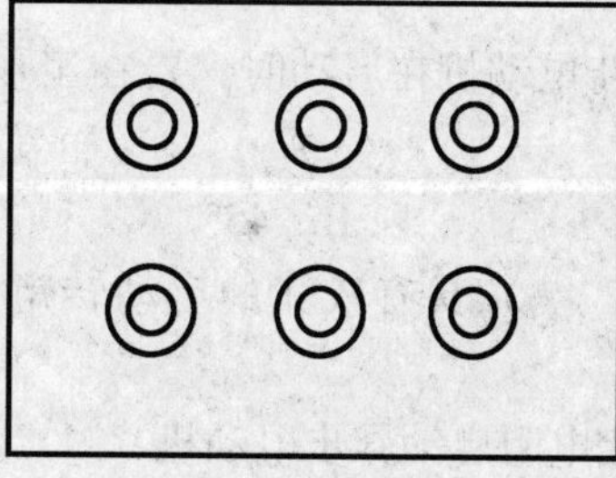

课题二　单相异步电动机

一、填空题

1. 通常在单相异步电动机的定子铁心上嵌放两套绕组，两套绕组的结构基本相同，空间位置上相差______________，一套为____________________，另一套为____________________。

2. 单相异步电动机由________和________两部分组成。常见的结构形式有________结构和________结构。

3. 对于单相电阻启动异步电动机，其工作绕组匝数多，导线粗，近似____________负载；启动绕组导线细，近似____________负载。

4. 单相异步电动机一般采用________________调速、改变绕组内部抽头的方法调速和________________调速。

二、选择题

1. 单相异步电动机在启动时，要在工作绕组和启动绕组中分别通入相位相差（　　）电角度的电流。

A. 30°　　B. 45°　　C. 90°　　D. 180°

2. 下列（　　）具有较大的启动转矩、较高的效率和功率因数，广泛用于小型机床设备。

A. 单相电阻启动异步电动机　　B. 单相电容启动异步电动机

C. 单相电容运行异步电动机　　D. 双值电容单相异步电动机

3. 若将单相电容启动异步电动机的启动绕组和工作绕组接错，会造成（　　）。

A. 电动机过热　　B. 电动机不转

C. 电动机运行时振动或噪声大　　D. 接通电源后，熔断器熔丝熔断

三、判断题

1. 单相异步电动机本身具有启动转矩。（　　）
2. 单相异步电动机转子转动后，转子上就会有转动力矩，从而带动转子旋转。（　　）
3. 当单相异步电动机的主绕组通入交流电时，就会产生旋转磁场。（　　）
4. 罩极电动机的旋转方向不能改变。（　　）
5. 晶闸管调速可以实现无级调速。（　　）

四、简答题

1. 如何使单相异步电动机产生启动转矩？

2. 常见的单相异步电动机有哪几种？

3. 简述单相异步电动机的工作原理。

4. 如何改变单相异步电动机的转向？

5. 在电源电压正常的情况下，给单相异步电动机通电后电动机不转，可能的原因是什么？应如何进行检修？

五、作图题

1. 画出双值电容单相异步电动机的电路原理图。

2. 画出通过改变电容器接法改变电动机转向的单相异步电动机电路原理图。

课题三　三相异步电动机基本控制线路

一、填空题

1. 低压断路器又叫自动空气开关，当电路中发生____________、____________和____________等故障时，它能自动跳闸切断故障电路。

2. 熔断器主要由__________、__________________和__________三部分组成。

3. 按钮的触头允许通过的电流________，一般不超过________。

4. 交流接触器主要由_________________、_________________、_________________和_________________等组成。

5. 热继电器在使用时，将__________串联在主电路中，将____________串联在控制电路中。

6. 手动正转控制线路的优点是所用______________少，线路__________，缺点是操作劳动强度大，安全性差，且不便于实现______________控制和____________控制。

7. 点动正转控制线路是用________、__________来控制电动机运转的最简单的正转控制线路。

8. 电路图一般分为＿＿＿＿＿＿、＿＿＿＿＿＿和＿＿＿＿＿＿三部分绘制。

9. 电路图中，各电器的触头位置都按电路＿＿＿＿＿＿或电器＿＿＿＿＿＿时的常态位置画出。

10. 要使三相笼型异步电动机反转，就必须改变通入电动机定子绕组的＿＿＿＿＿＿，即把接入电动机三相电源进线中的任意＿＿＿相对调接线即可。

11. 接触器联锁控制线路的优点是＿＿＿＿＿＿，缺点是＿＿＿＿＿＿。

12. 按钮和接触器双重联锁正反转控制线路的优点是＿＿＿＿＿＿，＿＿＿＿＿＿。

二、选择题

1. 低压断路器中电磁脱扣器的作用是（　　）。

A. 短路保护　　B. 过载保护　　C. 失压保护　　D. 过压保护

2. 对照明和电热等电流较平稳负载的短路保护，熔断器熔体的额定电流应（　　）负载的额定电流。

A. 等于或稍大于　　B. 大于　　C. 小于　　D. 远小于

3. 当按下复合按钮的按钮帽时，其触头的动作顺序是（　　）。

A. 常开、常闭触头同时动作

B. 常开触头先闭合，常闭触头再断开

C. 常闭触头先断开，常开触头再闭合

D. 以上都不对

4. 辅助电路编号按照“等电位”原则，按照从上至下、从左至右的顺序用（　　）依次编号。

A. 数字　　B. 字母　　C. 数字或字母　　D. 数字和字母

5. 在具有过载保护的接触器自锁控制线路中，实现短路保护的电器是（　　）。

A. 熔断器　　B. 热继电器　　C. 接触器　　D. 电源开关

6. 在具有过载保护的接触器自锁控制线路中，实现过载保护的电器是（　　）。

A. 熔断器　　B. 热继电器　　C. 接触器　　D. 电源开关

7. 接触器的自锁触头是一对（　　）。

A. 辅助常开触头　　B. 辅助常闭触头　　C. 主触头　　D. 以上都不对

8. 在下列控制线路中，能实现正常启动和停止的是（　　）。

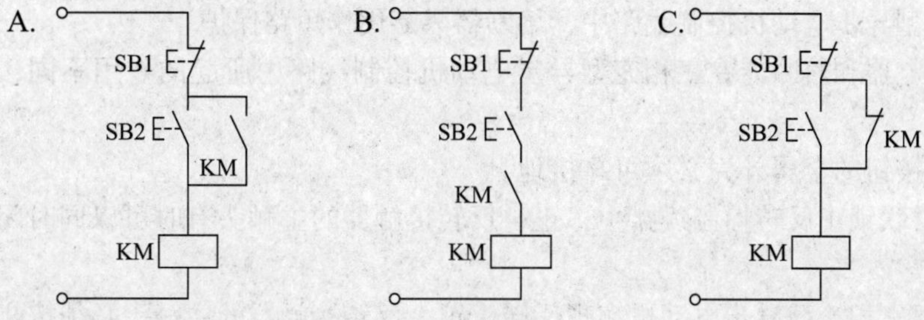

9. 在接触器自锁正转控制线路中，如果出现接触器不自锁的故障，故障部位应该在

(　　)。

A. 按钮　　B. 接触器线圈

C. 接触器主触头　　D. 接触器辅助触头

10. 在电动机正反转控制线路中，为避免两相电源短路，必须在正反转控制线路中分别串接（　　）。

A. 联锁触头　　B. 自锁触头　　C. 主触头　　D. 以上都不对

11. 在接触器联锁正反转控制线路中，其联锁触头应是对方接触器的（　　）。

A. 主触头　　B. 辅助常开触头

C. 辅助常闭触头　　D. 以上都不对

12. 在操作接触器联锁正反转控制线路时，要使电动机从正转变为反转，正确的操作方法是（　　）。

A. 直接按下反转启动按钮

B. 直接按下正转启动按钮

C. 必须先按下停止按钮，再按下反转启动按钮

D. 以上都不对

13. 在操作按钮和接触器双重联锁正反转控制线路时，要使电动机从正转变为反转，正确的操作方法是（　　）。

A. 可直接按下反转启动按钮

B. 可直接按下正转启动按钮

C. 必须先按下停止按钮，再按下反转启动按钮

D. 以上都不对

三、判断题

1. 电路图中，对有直接电联系的交叉导线的连接点，要用小黑圆点表示。（　　）

2. RL1 系列螺旋式熔断器的熔体熔断后有明显指示。（　　）

3. 复合按钮是当按下按钮帽时，常开与常闭触头同时动作。（　　）

4. 接触器是一种自动的电磁式开关，具有欠电压和失压自动释放保护功能。（　　）

5. 电路图中，各电器的触头位置都是按电路未通电或电器未受外力作用时的常态位置画出的。（　　）

6. 由于热继电器在电动机控制线路中兼有短路保护和过载保护功能，故不需要再接入熔断器作为短路保护。（　　）

7. 在三相笼型异步电动机控制线路中，熔断器只能用作短路保护。（　　）

8. 由于热继电器和熔断器在三相笼型异步电动机控制线路中所起的作用不同，所以不能相互代替使用。（　　）

9. 电动机及按钮的金属外壳必须可靠接地。（　　）

10. 在接触器联锁正反转控制线路中，正、反转接触器的主触头有时可以同时闭合。（　　）

11. 为了保证三相笼型异步电动机实现反转，正、反转接触器的主触头必须按相同的相序并接后串接在主电路中。（　　）

12. 在接触器正反转控制线路中，若正、反转接触器同时通电，会发生两相电源短路事故。（ ）

13. 在按钮和接触器双重联锁正反转控制线路中，双重联锁是由复合按钮的常开触头和接触器的辅助常开触头实现的。（ ）

四、简答题

1. 低压断路器中各脱扣器的作用分别是什么？

2. 熔断器在电路中应如何使用？它是如何起到保护作用的？

3. 如何选择熔断器熔体的额定电流？

4. 在三相笼型异步电动机基本控制线路中，主电路的各个接点应该如何编号？

5. 什么是过载保护？为什么要对电动机采取过载保护措施？

6. 简述交流接触器的工作原理。

7. 什么是自锁？

8. 什么是联锁控制？在电动机正反转控制线路中为什么必须有联锁控制？

五、作图题

1. 画出熔断器、低压断路器、交流接触器、热继电器的符号。

2. 某控制电路能实现“按下按钮，电动机得电运转；松开按钮，电动机失电停转”的功能。若将其改造为“按下启动按钮，电动机就得电连续运转，直到按下停止按钮，电动机才停转”，应如何实现？画图说明。

3. 画出双重联锁的正、反转控制线路。

4. 画出点动双重联锁的正转控制线路。

模块六　常用机床电气控制线路

课题一　CA6140 型车床电气控制线路

一、填空题

1. 在机床电气控制线路图中，在接触器、继电器等电气元件触头的文字符号下方，用数字标注该电气元件的________所处的图区号。

2. 在机床电气控制线路图中，每个接触器线圈的下方画出两条竖线，分成左、中、右三栏，其中左栏表示______所处的图区，中栏表示____________所处的图区，而右栏则表示____________所处的图区。

3. CA6140 型车床的主运动是____，进给运动是__________________________________。

4. CA6140 型车床电气控制线路中的电气保护措施有______________________、____________________、___________________和___________________。

5. CA6140 型车床的主轴电动机没有反转控制，主轴的反转靠________________实现。

6. CA6140 型车床主轴电动机 M1 和冷却泵电动机 M2 在控制电路中实现________控制，即只有______________启动运转后，______________才能启动运转。

7. CA6140 型车床刀架快速移动电动机 M3 采用的是________控制，刀架移动方向的改变是由__________________控制的。

8. 当电气设备发生故障后，切忌盲目随便动手检修。在检修前，通过_____、_____、____、____、____来了解故障前后的操作情况和故障发生后出现的异常现象，以便根据故障现象判断出故障发生的部位，进而准确地排除故障。

9. 短接法是用一根绝缘良好的导线，把所怀疑的______部位短接，如短接过程中电路被________，则说明该处________。

10. 短接法一般只适用于检查________故障，不能在________中使用。

11. 检修电动机缺相运行故障时，对于接触器主触头下方的故障点，一般只能采用__________测量。

二、选择题

1. CA6140 型车床主轴的调速采用（　　）。

A. 电气调速　　B. 齿轮箱进行机械有级调速

C. 机械与电气配合调速　　D. 以上都不对

2. CA6140 型车床主轴的过载保护是由（　　）完成的。

A. 接触器自锁环节　　B. 低压断路器 QF

C. 热继电器 KH1　　D. 以上都不对

3. CA6140 型车床的主轴电动机应选用（　　）。

A. 直流电动机　　B. 三相笼型异步电动机

C. 三相绕线转子异步电动机　　D. 以上都不对

4. 按下启动按钮后，主轴电动机 M1 启动后不能自锁，则故障原因可能是（　　）。

A. 接触器 KM 的自锁触头接触不良

B. 接触器 KM 的主触头接触不良

C. 热继电器 KH 动作

D. 以上都不对

三、判断题

1. CA6140 型车床主轴的正反转是由主轴电动机 M1 的正反转来实现的。（　　）

2. CA6140 型车床中的低压断路器 QF，只有当线圈通电时才能合闸。（　　）

3. CA6140 型车床电气控制线路中，钥匙开关 SB 和行程开关 SQ2 的常开触头（2-3）在车床正常工作时是断开的。（　　）

4. 在操作 CA6140 型车床时，按下启动按钮 SB2，发现接触器 KM 得电动作，但主轴电动机 M1 不能启动，则故障原因可能是热继电器 KH1 动作后未复位。（　　）

5. CA6140 型车床的主轴电动机 M1 因过载而停转，热继电器 KH1 是否复位，对冷却泵电动机 M2 和刀架快速移动电动机 M3 的运转无任何影响。（　　）

6. CA6140 型车床的配电盘壁龛有开门断电保护功能，因此打开配电盘壁龛门后，无法进行带电检修。（　　）

7. 维修时可根据实际需要修改生产机械的电气控制线路。（　　）

8. 在实际检修机床电气故障过程中，不同的测量方法可交叉使用。（　　）

9. 短接法既适用于检查控制电路的故障，又适用于检查主电路的故障。（　　）

10. 在故障的修理过程中，一般情况下应尽量做到复原。（　　）

四、简答题

1. 简述 CA6140 型车床的主要结构。

2. 简述机床电气故障检修的一般步骤。

3. 检修机床电气故障常用的方法有哪些？

4. 什么是短接法？它有哪几种？

5. 在 CA6140 型车床控制线路中，刀架快速移动电动机 M3 为什么未设过载保护？

6. 结合 CA6140 型车床电气控制线路图，分析产生下列故障的原因。

（1）接触器 KM 吸合，但主轴电动机 M1 不能启动；

（2）主轴电动机 M1 不能停止运行；

（3）运行过程中主轴电动机 M1 自动停止运行，立即按下启动按钮 SB2，但主轴电动机 M1 不能启动。

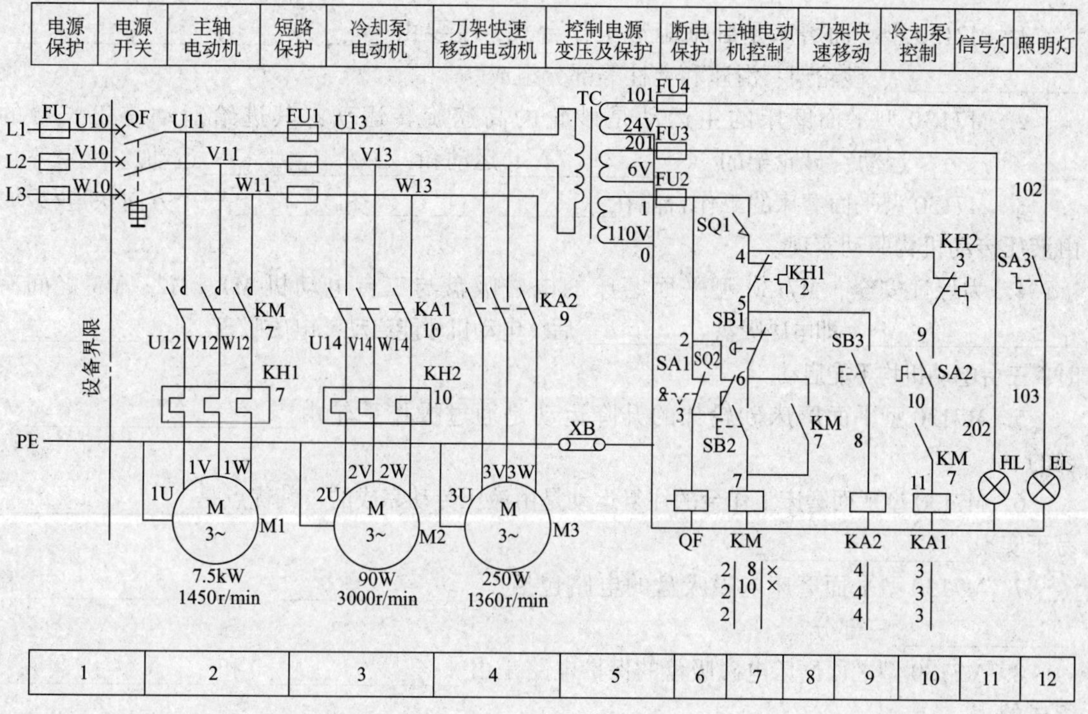

课题二　M7130 型平面磨床电气控制线路

一、填空题

1. M7130 型平面磨床是卧轴矩形工作台式，主要由＿＿＿＿＿＿、＿＿＿＿＿＿、＿＿＿＿＿＿、砂轮架、滑座和立柱等部分组成。

2. M7130 型平面磨床的主运动是砂轮的高速旋转运动，其进给运动是工作台的＿＿＿＿＿＿运动、砂轮架的＿＿＿＿＿＿运动和＿＿＿＿＿＿运动。

3. M7130 型平面磨床的工作台能在＿＿＿＿、＿＿＿＿和＿＿＿＿三个方向快速移动，由液压传动机构驱动实现。

4. 为保证安全，M7130 型平面磨床的电磁吸盘与三台电动机 M1、M2、M3 之间有＿＿＿＿＿＿，即电磁吸盘＿＿＿＿＿后，电动机才能启动。电磁吸盘＿＿＿＿＿＿时，三台电动机均不能启动。

5. M7130 型平面磨床砂轮架的升降运动是通过操作手轮由＿＿＿＿＿＿＿＿实现的。

6. M7130 型平面磨床工作台的往复运动是由液压传动完成的，其优点是＿＿＿＿＿＿，易于实现＿＿＿＿＿＿。

7. M7130 型平面磨床电磁吸盘的电路包括＿＿＿＿＿＿、＿＿＿＿＿＿和＿＿＿＿＿＿三部分。

8. M7130 型平面磨床电磁吸盘的保护电路是由＿＿＿＿＿＿和＿＿＿＿＿＿组成的。

9. 工件加工完毕后，先把 QS2 扳到＿＿＿＿＿＿位置，切断电磁吸盘 YH 的直流电源。然后将 QS2 扳到＿＿＿＿＿＿位置，电磁吸盘 YH 通入较小的反向电流进行退磁（因串入了退磁电阻 R2）。

10. 当工件不易退磁时，可将附件退磁器的插头插入插座 XS，使工件在＿＿＿＿＿＿的作用下进行退磁。

11. 若电磁吸盘电源电压不正常，大多是因为＿＿＿＿＿＿短路或断路造成的。

二、选择题

1. M7130 型平面磨床的砂轮电动机 M1 和冷却泵电动机 M2 在（　　）上实现顺序控制。

A. 主电路　　B. 控制电路

C. 电磁吸盘电路　　D. 以上都不对

2. M7130 型平面磨床电磁吸盘与三台电动机 M1、M2、M3 之间的电气联锁是由（　　）实现的。

A. QS2　　B. KA

C. QS2 和 KA 的常开触头（3-4）　　D. 以上都不对

3. 电磁磁盘的吸力不足，经检查发现整流器空载输出电压正常，而负载时输出电压远低于 110 V，由此可判断电磁吸盘线圈（   ）。

A. 断路 B. 短路 C. 无故障 D. 以上都不对

4. 若电磁吸盘电路中的电阻 R2 开路，则会造成（   ）。

A. 电磁吸盘不能充磁 B. 电磁吸盘不能退磁

C. 电磁吸盘既不能充磁又不能退磁 D. 以上都不对

5. M7130 型平面磨床电气控制线路中，插座 XS 的作用是（   ）。

A. 保护电磁吸盘 B. 使工件充磁

C. 使工件退磁 D. 以上都不对

三、判断题

1. M7130 型平面磨床砂轮架的横向进给运动只能由液压传动。（   ）

2. M7130 型平面磨床的砂轮要求有较高的转速，通常采用两极笼型异步电动机驱动。（   ）

3. M7130 型平面磨床在磨削工件的过程中，工作台换向时，砂轮架就横向进给一次。（   ）

4. M7130 型平面磨床的电磁吸盘吸力不足的原因可能是电磁吸盘损坏或整流器输出电压不正常。（   ）

5. M7130 型平面磨床的工作台采用了液压传动，当工作台前侧的换向挡铁碰撞床身上的液压换向开关时，工作台便自动改变运动方向，实现了工作台的纵向往复运动。（   ）

6. M7130 型平面磨床工作台的往复运动是由电动机 M3 正反转拖动实现的。（   ）

7. M7130 型平面磨床无法加工非磁性工件。（   ）

四、简答题

1. M7130 型平面磨床的主要运动形式有哪些？

2. 电磁吸盘作为一种夹具与机械夹具相比较，具有哪些优点和缺点？

3. M7130 型平面磨床的电磁吸盘电路主要由哪几部分组成？其中电阻 R3 和欠流继电器 KA 的作用是什么？

4. 结合下图所示 M7130 型平面磨床电气控制线路图，分析产生下列故障的原因并描述电磁吸盘退磁的控制过程。

（1）三台电动机都不能启动；

（2）电磁吸盘无吸力；

（3）电磁吸盘退磁不好，工件取下困难。

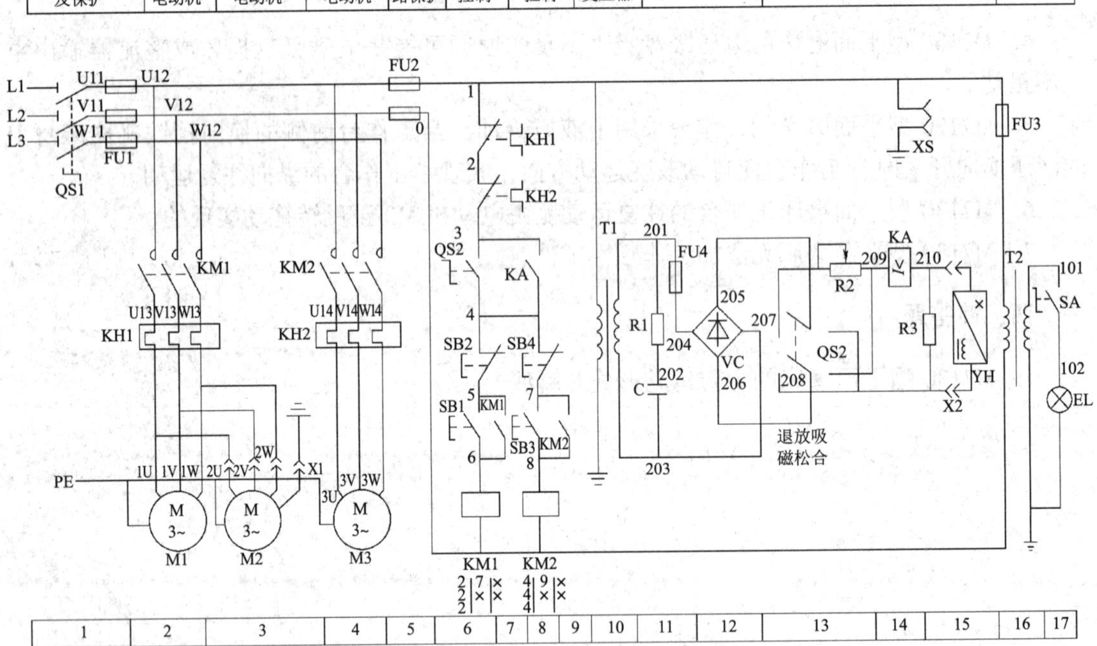

模块七　电子元器件与简单电子线路

课题一　常用电子元器件

一、填空题

1. 电阻器是家电设备中应用最广泛的元器件之一，通常可分为__________________、__________________和__________________三大类。

2. 电阻器需要识读的内容是_______________、_______________、_______________、_______________。

3. 电阻器常用的检测方法有_______________和_______________。

4. 电容器按结构分类，一般可分为__________________和__________________。

5. 电容器需要识读的内容是_______________、_______________、_______________、______________________。

6. 电容器常见的故障有_________________、_________________、_________________、_________________等。

7. 电感器一般可分为_______________和_______________两大类。

8. 二极管有两只引脚，一只引脚称为________，另一只引脚称为________。

9. 二极管具有________导电性。

10. 半导体三极管按其结构不同分为________型和________型。

11. 三极管共有三只引脚，分别为_______________、_______________和_______________。

二、选择题

1. 使用数字万用表检测半导体二极管时，应使用（　　）挡。

A. 二极管蜂鸣　　B. R×10　　C. R×100　　D. R×1 k

2. 电阻器采用色标法标志时，其基本单位是（　　）。

A. Ω　　B. kΩ　　C. mΩ　　D. kΩ

3. 电容器采用数码法标志时，其基本单位是（　　）。

A. μF　　B. pF　　C. nF　　D. mF

4. 已知三极管接在相应的电路中，测得三极管各极的电位分别为 $U_c=8$ V、$U_b=2.7$ V、$U_e=2$ V，该三极管的工作状态是（　　）。

A. 饱和状态　　B. 放大状态　　C. 截止状态　　D. 倒置状态

5. 电感器在电路中用字母（　　）表示。

A. “R”　　B. “L”　　C. “E”　　D. “C”

三、判断题

1. 通常大功率电阻器的标称阻值多采用色标法标注。 （　）
2. 小功率电阻器可以根据电阻器的长度、直径和经验判断出额定功率的大小。（　）
3. 电解电容器正、负极使用时需按电路要求接入，不可将两只引脚接反。 （　）
4. 电容器两极间的电阻值越小，表明该电容器性能越好。 （　）
5. 若二极管的正、反向电阻都很大，说明该二极管开路。 （　）
6. 用数字万用表检测 NPN 型和 PNP 型三极管的方法一样，只需将万用表的表笔对调即可。 （　）
7. 电感器可应用在直流电路中作阻流、降压用。 （　）

四、简答题

1. 简述电解电容器的检测方法。

2. 简述二极管极性判别和质量检测的方法。

3. 如何对三极管的管脚进行正确判别？

4. 完成下表色环电阻标称阻值及允许偏差的识别。

色环	阻值及允许偏差	色环	阻值及允许偏差
棕黑黑棕		白棕黄银	
紫绿红银		红黄黑金	
灰红黑金		红红红银	
橙白红金		蓝灰棕金	

课题二　简单电子线路

一、填空题

1. 放大电路按三极管的连接方式可分为________________、________________、________________。

2. 基本放大电路是指由_____________构成的放大电路。

3. 放大电路由________________、________________、________________、________________和________________几部分组成。

4. 放大电路中三极管应满足_______________、_________________的放大偏置条件。

5. 能够完成___________转换的电路称为直流稳压电源。

6. 直流稳压电源由_______________、_____________、_____________和________________组成。

7. 利用整流器件的___________特性，将交流电转变为直流电的电路称为整流电路。

8. 利用______的储能作用，将整流电路输出的脉动直流电变为比较平滑直流电的电路称为电容滤波电路。

9. 串联型直流电子稳压电路主要由_____________、________________、________________和_________________等电路组成。

10. 正确使用助焊剂，有利于清除被焊材料表面的____________，增强被焊材料的____________，防止焊盘和焊点的氧化，并有助于焊锡的流动，减小焊点表面的张力。

11. 通常在绝缘板上按预定设计制成印制线路，为元器件之间电气连接提供导电图形，称为______线路板。

12. 印制线路板上与元器件引线焊接处，称为______。

13. 印制线路板上元器件的安装方式通常有______安装和______安装两种。

14. 立式安装是指元器件直立垂直于_____________的安装方式。

二、选择题

1. 要使放大电路正常工作，应保证三极管工作在（　　）。

A. 放大区　　B. 饱和区　　C. 截止区　　D. 任意区

2. 放大电路中电容 C1、C2 的作用是（　　）。

A. 提供正向偏置　　B. 提供反向偏置

C. 隔直通交　　D. 提供能量

3. 元器件的安装应遵循（　　）原则。

A. 先里后外　　B. 先小后大　　C. 先低后高

D. 先轻后重　　E. 以上都是

4. 在串联型稳压电源电路中，当稳压二极管击穿时，会造成（　　）。

A. 无输出电压　　B. 输出电压降低

C. 输出电压升高　　D. 输出电压不变

三、判断题

1. 基极偏置电阻的作用是将集电极电流的变化转换为电压的变化。（　）
2. 在分析放大电路时，常以公共端作为电路的零电位参考点。（　）
3. 共射基本放大电路是放大电路的一种基本电路形式。（　）
4. “放大”的本质是指功率的放大或能量的放大。（　）
5. 无间隙卧式安装适用于功率较大的发热元器件。（　）
6. 热容量大的被焊件，应采用三步操作法进行焊接。（　）
7. 串联型稳压电路电源调整管断路时，会造成无输出电压的故障。（　）
8. 只要有合适的电烙铁和焊料，可以不用助焊剂。（　）
9. 在焊接热容量小的被焊件时，只能采用五步操作法仔细焊接。（　）

四、简答题

1. 什么是放大电路？其作用是什么？

2. 构成基本放大电路应遵循哪些原则？

3. 画出共射基本放大电路的原理图，并分析其工作原理。

4. 简述元器件引线弯折的注意事项。

5. 简述手工焊接五步操作法的步骤。

6. 如下图所示，在稳压电源调试过程中，电路出现了故障，经初步测量得到一组数据：V6 发射极电压为 0 V，电容 C1 两端电压为 0 V，变压器二次侧电压为交流 15 V，试根据这组数据判断出故障在哪个电路。

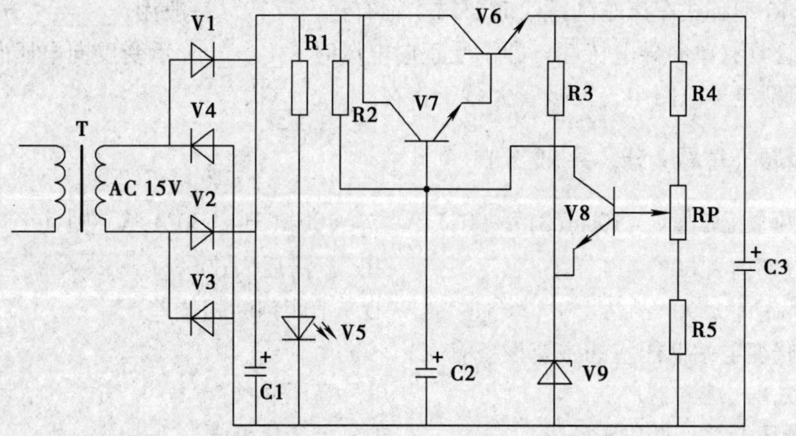

综合试卷一

一、填空题（每空 1 分，共 20 分）

1. 大小和方向都随时间变化而变化的电流称为________，如果是按______________变化，就称为正弦交流电。

2. 我国工频交流电的频率为________ Hz，周期为________ s。

3. 在电力输送系统中，电能从发电厂到用户需有____________、____________、____________等环节。

4. 电线、电缆的安全载流量是指在不超过________________________的条件下，允许长期通过的__________________。

5. 三相笼型异步电动机的转子有________和________两种结构形式。

6. 单相异步电动机的定子铁心上嵌放有________________、________________两套绕组，且空间位置上相差 90°电角度。

7. 交流接触器主要由________________、________________、________________和辅助部件等组成。

8. CA6140 型卧式车床车削螺纹时要求主轴有正、反转，一般用________方法实现。

9. 二极管具有单向导电特性，即承受正向电压时________，承受反向电压时________。

10. 在模拟电子电路中，三极管大多工作在________状态。

二、选择题（每题 2 分，共 20 分）

1. 已知两个正弦量 $i_1=10\sin(314t-90°)$ A，$i_2=10\sin(314t-30°)$ A，则（　　）。

A. i_1 超前 i_2 60°　　B. i_1 滞后 i_2 60°

C. i_1 超前 i_2 90°　　D. 不能判断相位差

2. 组合式变电站低压室的主要设备有（　　）。

A. 跌落式熔断器　　B. 高压开关

C. 低压开关、低压断路器　　D. 低压熔断器

3. 某三相笼型异步电动机的额定转速为 1 450 r/min，该电动机有（　　）对磁极。

A. 1　　B. 2　　C. 3　　D. 4

4. 用作各种动力、配电和照明线路及中小型电气设备安装线的是（　　）。

A. B 系列橡胶、塑料电线　　B. Y 系列通用橡套电缆

C. R 系列橡胶、塑料软线　　D. B 系列塑料电线

5. 交流电的周期越大，说明交流电变化得（　　）。

A. 越快　　B. 越慢　　C. 不变化　　D. 无法判断

6. CA6140 型车床刀架快速移动采用的是（　　）控制线路。

A. 手动正转　　B. 点动正转　　C. 自锁正转　　D. 正、反转

7. M7130 型平面磨床的主运动是（　　）。

A. 砂轮的旋转　　B. 工作台的往复运动

C. 砂轮架的升降　　D. 工件的夹紧

8. 接触器通过自身的辅助常开触头使其线圈保持得电的作用叫作（　　）。

A. 联锁　　B. 互锁　　C. 自锁　　D. 以上都不对

9. 测量二极管或三极管时，首先将数字万用表调至电阻挡（　　）挡。

A. 二极管蜂鸣　　B. R×10 或 R×100

C. R×100 或 R×1 k　　D. R×1 k 或 R×10 k

10. 直流稳压电源电路中，电容的作用是（　　）。

A. 整流　　B. 稳压　　C. 滤波　　D. 保护

三、判断题（每题 2 分，共 20 分）

1. 用交流电压表测得的交流电压是 220 V，则此交流电压的最大值是 380 V。（　　）
2. 两根相线之间的电压叫相电压。（　　）
3. 三相笼型异步电动机在启动过程中，随着电动机转速的上升，转差率也逐步增大。（　　）
4. 高压电路由高压室引出进入变压器室后，直接连接电力变压器内部绕组。（　　）
5. 护套线可直接埋入抹灰层内暗配敷设，但不宜在室外露天场所长期敷设。（　　）
6. 导线绝缘恢复后的绝缘强度可以略低于原来的绝缘水平。（　　）
7. 更换电动机时，要注意选择型号、参数一致的电动机进行替换。（　　）
8. 在三相笼型异步电动机控制线路中，一般使用热继电器来实现过载保护。（　　）
9. CA6140 型卧式车床主轴采用齿轮箱进行机械有级调速。（　　）
10. 在特别危害环境中使用的手持电动工具应采用 42 V 安全电压。（　　）

四、简答题（每题 5 分，共 25 分）

1. 零线的作用是什么？能否在零线上安装断路器和开关？为什么？

2. 组合式变电站三个功能室中主要有哪些电气装置?

3. 三相笼型异步电动机常见的故障有哪些?

4. 在三相笼型异步电动机正反转控制线路中有哪几种联锁方式?各有什么特点?

5. 简述二极管极性判别的方法。

五、作图题（每题 5 分，共 10 分）

1. 画出具有过载保护的电动机正转自锁控制线路原理图。

2. 将下列元器件连接成电源变压、整流电路。

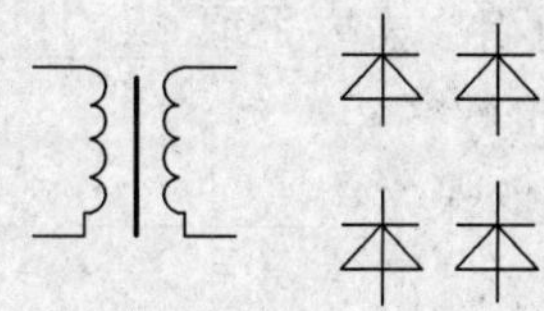

六、计算题（5 分）

已知某正弦交流电动势 $e=311\sin(314t+60°)$ V，求该电动势的角频率、频率、周期和初相位。

综合试卷二

一、填空题（每空 1 分，共 20 分）

1. 在纯电阻正弦交流电路中，电压有效值与电流有效值之间的关系为________，电压与电流在相位上的关系为________。

2. 由三根________和一根________所组成的供电线路，称为三相四线制电网。

3. 启动用电设备时，先合上______________以接通电源，当操作结束后，先停止________，然后扳下____________切断电源。

4. 对于呼吸停止或微弱的触电者，需要采取________________抢救；对心跳停止的触电者应采取____________________抢救。

5. 照明电路维修的基本操作步骤为____________________、____________________、____________。

6. 铜芯橡皮绝缘电线用型号________表示。

7. 单相异步电动机常用的调速方法有：________________调速、____________调速和晶闸管调速。

8. 当 CA6140 型车床主轴电动机在运行过程中出现过载时，________动作，其________断开。

9. 电源整流电路是利用整流器件的________________特性，将交流电转变为直流电的。

10. 在数字电路中，三极管大多工作在__________或__________状态，作为开关管使用。

二、选择题（每题 2 分，共 20 分）

1. 若电路中某元件两端的电压 $u=36\sin(314t-180°)$ V，电流 $i=4\sin(314t+180°)$ A，则该元件是（　　）。

A. 电阻　　B. 电感　　C. 电容　　D. 以上都不对

2. 三相交流电的相序 U-V-W-U 属（　　）。

A. 正序　　B. 负序　　C. 零序　　D. 以上都不对

3. 车间配电箱主要用于电能的（　　）。

A. 分配和控制　　B. 计量和分配

C. 计量和控制　　D. 计量

4. 对于室外高压设备，为保证安全须悬挂（　　）安全标志牌。

A. 在此工作　　B. 有电危险

C. 止步，高压危险　　D. 禁止合闸，有人工作

5. 室内线路配线可以优先选择（　　）的塑料导线。

A. Y 系列　　B. B 系列　　C. R 系列　　D. 任何系列

6. 在机床控制线路中，多选用（　　）熔断器做短路保护。

A. 螺旋式　　B. 瓷插式

C. 有填料封闭管式　　D. 光电式

7. CA6140 型卧式车床的控制电路是通过控制变压器 TC 输出的（　　）V 交流电压供电的。

A. 36　　B. 110　　C. 220　　D. 380

8. 对 M7130 型平面磨床砂轮电动机的控制要求是（　　）。

A. 正反转、高速运行　　B. 停车时制动

C. 速度可调　　D. 单向、高速运行

9. 在电子线路中，为电路提供稳定基准电压的元件是（　　）。

A. 整流二极管　　B. 稳压二极管

C. 发光二极管　　D. 三极管

10. 将万用表黑表笔接三极管基极，若万用表红表笔与三极管其他两极测得的阻值均较大，则该管管型为（　　）。

A. PNP 型　　B. NPN 型　　C. 场效应管　　D. 无法判断

三、判断题（每题 2 分，共 20 分）

1. 已知一正弦交流电流 $i=\sin(314t-90°)$ A，则该交流电的有效值为 1 A。（　　）
2. 三相对称负载的相电流是指电源相线上的电流。（　　）
3. 电力变压器是组合式变电站的核心设备。（　　）
4. 国际标准规定，黄、绿双色绝缘线用作保护接地线。（　　）
5. 20 W 镇流器可与 40 W 灯管配套使用。（　　）
6. 芯线截面积大于 4 mm^2 的塑料硬线，可用钢丝钳剖削绝缘层。（　　）
7. 紧固电动机机座螺钉时，应按对角交错顺序逐个拧紧。（　　）
8. 电动机使用的电源电压和绕组的接法，必须与铭牌上规定的相一致。（　　）
9. 焊接电子元器件时，多采用功率 35 W 以上的电烙铁。（　　）
10. 若三极管的三个极电压关系为 $U_C>U_B>U_E$，则说明三极管工作在放大状态。（　　）

四、简答题（每题 5 分，共 25 分）

1. 什么是交流电的相位和初相位?

2. 简述带电灭火的操作步骤。

3. 在检修车间电气设备时，应做好哪些安全措施？

4. 检修机床电气设备的一般步骤是什么？

5. 简述直流稳压电源中电子稳压电路的作用。

五、作图题（5分）

画出接触器联锁正反转控制线路原理图。

六、计算题（每题 5 分，共 10 分）

1. 把一个电阻为 20 Ω、电感为 48 mH 的线圈接到 $u=220\sqrt{2}\sin(314t+90°)$ V 的交流电源上。求线圈的感抗、线圈的总阻抗、线圈中电流的有效值。

2. 如下图所示是一个变压、整流、滤波电路，图中降压变压器 T 二次侧输出交流电压为 15 V，计算该电路 U_{C1} 的大小。

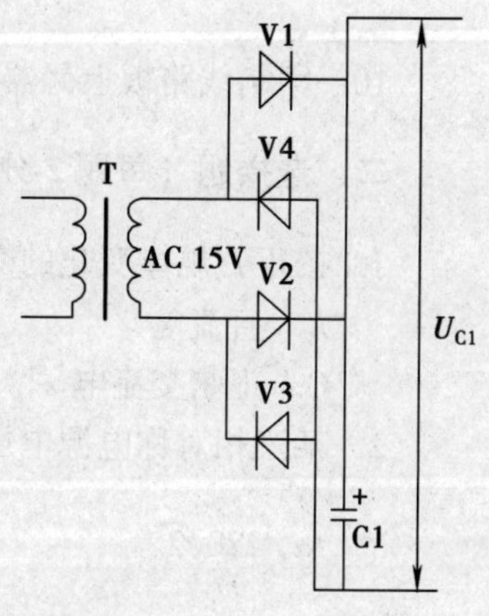

综合试卷三

一、填空题（每空 1 分，共 20 分）

1. 正弦交流电的三要素是________、________和________。
2. 三相四线制系统可输出两种电压供用户选择，即______电压和______电压。
3. 车间配电线路多数采用______导线，少数采用______。
4. 在潮湿的环境中使用可移动电器时，必须采用______ V 及以下的______电器。
5. 明装插座的安装高度一般应离地______ m，暗装插座一般应离地______ m。
6. 绝缘电线 BLV 的含义是________________。
7. 三相笼型异步电动机三相绕组六个出线端可按需要接成______形或______形。
8. 车床电源开关 QF 闭合以后，____________就一直保持亮的状态。
9. 半导体三极管有三只管脚，分别为__________、__________、__________。
10. 印制线路板上元器件的安装方式通常有________和________两种。

二、选择题（每题 2 分，共 20 分）

1. 按正弦规律变化的交流电称为（　　）。

A. 直流电　　B. 非正弦交流电
C. 正弦交流电　　D. 稳恒直流电

2. 某三相对称电源电压为 220 V，则其线电压的最大值为（　　）V。

A. $220\sqrt{2}$　　B. $220\sqrt{3}$　　C. $220\sqrt{6}$　　D. $\frac{220\sqrt{2}}{\sqrt{3}}$

3. 如遇设备或人身意外事故发生，要立即切断（　　）。

A. 总开关　　B. 设备电源开关
C. 支路总开关　　D. 断路器

4. 对有心跳而呼吸停止的触电者，应采用（　　）法进行急救。

A. 口对口人工呼吸　　B. 胸外心脏挤压
C. 心肺复苏　　D. 注射强心针

5. 采用 36 V 工作电压进行照明的场所是（　　）。

A. 教室照明　　B. 办公室照明
C. 车床局部照明　　D. 路灯照明

6. 熔断器应（　　）在被保护的电路中。

A. 串联　　B. 并联
C. 串联、并联都可以　　D. 混联

7. CA6140 型卧式车床的指示电路是通过控制变压器 TC 输出的（　　）V 交流电压供电。

A. 6　　B. 24　　C. 36　　D. 110

8. M7130 型平面磨床工作台的快速移动采用（　　）实现。

A. 电气系统控制　　B. 机械系统

C. 机械、电气系统配合　　D. 液压系统

9. 模拟式万用表指针在刻度尺的（　　）处读数较准确。

A. 1/2　　B. 1/3　　C. 1/3~2/3　　D. 2/3

10. 若三极管 $U_B<U_E$，则三极管工作在（　　）状态。

A. 放大　　B. 截止　　C. 饱和　　D. 不确定

三、判断题（每题 2 分，共 20 分）

1. 在纯电感电路中电压相位超前电流，所以在纯电感电路中先有电压后有电流。（　　）
2. 在一个三相四线制供电线路中，若相电压为 220 V，则线电压为 311 V。（　　）
3. 组合式变电站低压室主要起高压控制和保护作用。（　　）
4. 当采取接零保护的设备漏电时，线路保护装置会迅速动作，断开电源。（　　）
5. 为方便线路安装，照明电路开关可安装在零线上。（　　）
6. 如果想使电动机反转，可将三相电源中的任意两相对调。（　　）
7. 熔断器在电力拖动系统中主要起过载保护作用。（　　）
8. 电磁吸盘是一种用来固定加工工件的夹具。（　　）
9. 直流输出电压会随着电网电压的波动而波动，但不随负载电阻的变化而变化。（　　）
10. 二极管正、反向电阻相差越大越好。（　　）

四、简答题（每题 5 分，共 25 分）

1. 手电钻的电源是单相交流电，为什么用三根导线？它们各有什么作用？

2. 如果发现有人触电应该怎么办？

3. 电动机为什么需要进行过载保护？过载保护通过什么来实现？

4. CA6140 型车床主轴电动机在运行中意外停止运动无法启动，试分析其故障原因。

5. 简述手工焊接三步操作法的步骤。

五、作图题（每题 5 分，共 10 分）

1. 画出按钮联锁正反转控制线路的原理图。

2. 画出串联型稳压电源的原理方框图。

六、计算题（5分）

如下图所示为三相对称负载，若电压表 PV1 的读数为 380 V，电流表 PA1 的读数为 10 A，则电压表 PV2 和电流表 PA2 的读数分别为多少？

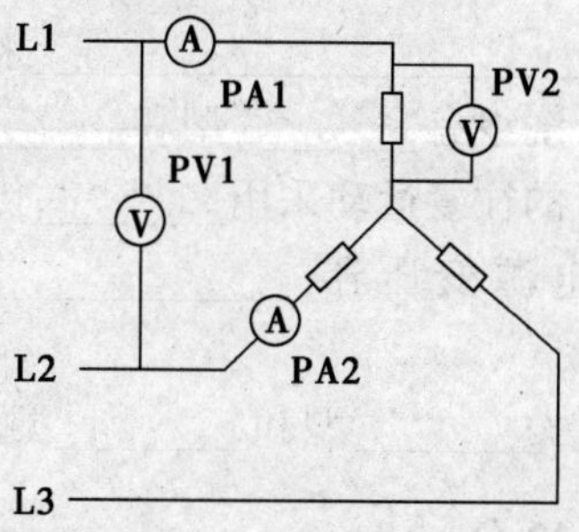

综合试卷四

一、填空题（每空 1 分，共 20 分）

1. 在纯电感正弦交流电路中，电压有效值与电流有效值之间的关系为______________，电压与电流在相位上的关系为________________________。

2. 某对称三相负载，每相负载的额定电压为 220 V，当三相电源的线电压为 380 V 时，负载应接成________形；当三相电源的线电压为 220 V 时，负载应接成________形。

3. 组合式变电站主要由____________、________变压器和____________三部分组成。

4. 接地保护在发生单相对地短路后，能够使______________动作，迅速切断________。

5. 荧光灯发出噪声或电磁声，其原因是______________质量差，________未夹紧或沥青未封紧。

6. 在导线连接之前，可用________________________来剖削绝缘层，以便线芯连接。

7. 三相笼型异步电动机转子绕组有________型和________型两种结构形式。

8. M7130 型平面磨床工作台的往复运动采用________传动。

9. 直流稳压电源电路由电源变压器、_________________、_________________和_________________四部分组成。

10. 三极管按其结构不同分为________型和________型。

二、选择题（每题 2 分，共 20 分）

1. 交流电的最大值等于有效值的（　　）倍。

A. $\sqrt{3}$　　B. $\sqrt{2}$　　C. 2　　D. $\sqrt{5}$

2. 在纯电感电路中，已知电流的初相位为-60°，则电压的初相位为（　　）。

A. 30°　　B. 60°　　C. 90°　　D. 120°

3. 组合式变电站高压室开关柜起着（　　）功能。

A. 开关　　B. 高压控制和保护

C. 保护　　D. 变换电压

4. 机床设备上的紧急停机按钮采用（　　）色来表示。

A. 绿　　B. 黄　　C. 红　　D. 蓝

5. 铝芯导线的连接主要采用（　　）。

A. 焊接法　　B. 绞接法　　C. 压接法　　D. 任何方法

6. 线路的主要控制元件是（　　）。

A. 刀开关　　B. 热继电器　　C. 熔断器　　D. 接触器

7. 当按下控制线路中启动按钮后，则（　　）。

A. 电动机立即启动　　B. 接触器触头闭合

C. 接触器线圈得电　　　　　　　　D. 电动机仍然不转

8. M7130 型平面磨床砂轮电动机热继电器整定电流过小，会导致（　　）。

A. 电动机无法启动　　　　　　　　B. 热继电器频繁动作

C. 接触器不吸合　　　　　　　　　D. 热继电器不动作

9. 测得 NPN 型三极管上各电极对地电位分别为 $U_E = 2.1$ V，$U_B = 2.8$ V，$U_C = 4.4$ V，说明此三极管处在（　　）。

A. 放大区　　B. 饱和区　　C. 截止区　　D. 反向击穿区

10. 下列电路中，输出电压脉动最小的是（　　）。

A. 半波整流　　B. 全波整流　　C. 桥式整流　　D. 三相交流电

三、判断题（每题 2 分，共 20 分）

1. 一个耐压为 1 000 V 的电容器可以接到有效值为 1 000 V 的交流电源上使用。（　　）
2. 三相负载越接近对称，中线电流就越小。（　　）
3. 在同一配电系统中，接地保护和接零保护两种保护方式不得混用。（　　）
4. 在紧急情况下，可用绝缘良好的钢丝钳或断线钳剪断电线，以断开触电电源。（　　）
5. 电源电压波动会造成白炽灯泡忽亮忽暗。（　　）
6. 接线时，必须先接电源端，后接负载端。（　　）
7. 当听到电动机有不正常的噪声时，可将工件加工完再停机检查。（　　）
8. M7130 型平面磨床砂轮电动机无调速和制动要求。（　　）
9. 单相整流电路中，输出直流电压的大小与负载大小无关。（　　）
10. 测量电容器前要将其两只引脚短路，放掉电容器内的残存电荷。（　　）

四、简答题（每题 5 分，共 25 分）

1. 用一个验电笔或者一个量程为 500 V 的交流电压表，如何确定三相四线制供电线路中的相线和中线？

2. 车间电力线路一般采用哪种敷设方式？

3. 如何改变三相笼型异步电动机的转向?

4. M7130 型平面磨床的电磁吸盘电路由哪几部分组成?

5. 如何用数字式万用表检测整流二极管的好坏?

五、作图题(每题 5 分,共 10 分)

1. 画出双重联锁正反转控制线路的原理图。

2. 将下列元器件连接成电源变压、整流、滤波电路。

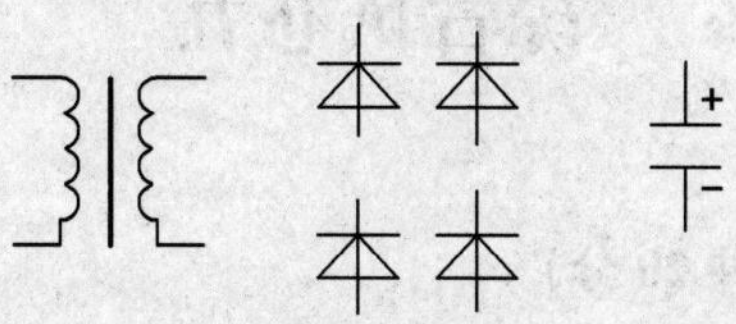

六、计算题（5分）

已知某正弦交流电压 $u=311\sin(314t+60°)$ V，求该电压的最大值、有效值和平均值。

综合试卷五

一、填空题（每空 1 分，共 20 分）

1. 在 RL 串联交流电路中，已知电阻 $R=6\ \Omega$，感抗 $X_L=8\ \Omega$，则电路阻抗 $Z=$________。

2. 导线“BV−3×35+1×16”的含义是____。

3. 插座有其允许的___________，接入过多或________过大的用电器，会烧坏线路和插座。

4. 接地装置由________和________两部分组成。

5. 在 380 V 线路上恢复导线绝缘时，需包扎_________层黄蜡带，然后再包一层_________。

6. 当敷设护套线与发热管道接近或交叉时，应加强________保护。对于容易产生机械损伤的部位，应穿________保护。

7. 电动机的工作方式分为________、________和________三种。

8. 三相笼型异步电动机的常见故障一般可分为______________和______________两大类。

9. 电解电容器在电路中正极接________电位，负极接________电位。

10. 三极管有____________、____________、____________三种工作状态。

二、选择题（每题 2 分，共 20 分）

1. 若被测交流电压为 220 V 左右，可以选用（　　）V 挡位。

   A. ~50　　B. ~250　　C. ~500　　D. ~1 000

2. 车间动力线路电压为（　　）V。

   A. 36　　B. 110　　C. 220　　D. 380

3. 触电救护的要点是（　　）。

   A. 现场抢救和救护得法　　B. 及时送往医院

   C. 动作快，操作正确　　D. 争分夺秒，坚持不断

4. 16 mm^2 及其以上的铜芯导线接头，应采用（　　）。

   A. 浇焊法　　B. 绞接法　　C. 压接法　　D. 任何方法

5. 在电力拖动系统中主要用作短路保护的电气元件是（　　）。

   A. 低压开关　　B. 热继电器　　C. 熔断器　　D. 接触器

6. 若电动机长时间缺相运行，会导致其（　　）。

   A. 转速上升　　B. 定子绕组发热烧坏

   C. 转矩上升　　D. 不发生变化

7. CA6140 型卧式车床的主轴电动机主轴采用（　　）调速。

A. 机械　　　　B. 电气

C. 机械、电气配合　　　　D. 无调速

8. 当机床设备出现故障需要检修时，应首先（　　）。

A. 确定故障点　　　　B. 修复故障

C. 进行故障调查　　　　D. 确定故障范围

9. 用万用表检测某二极管时，发现其正、反向电阻均很大，说明该二极管（　　）。

A. 已经击穿　　　　B. 完好

C. 内部老化不通　　　　D. 无法判断

10. 交流电通过单相整流电路后，得到的输出电压是（　　）。

A. 交流电压　　　　B. 脉动的直流电压

C. 稳定的直流电压　　　　D. 以上都不对

三、判断题（每题 2 分，共 20 分）

1. 一只额定电压为 220 V 的白炽灯，可以接到最大值为 311 V 的交流电源上。（　　）
2. 三相对称负载接成星形时，线电压的有效值是相电压有效值的$\sqrt{3}$倍。（　　）
3. 车间动力线路是指由三根相线构成，线电压为 380 V 的线路。（　　）
4. 电力平面图可自用电设备依次向上识读。（　　）
5. 胸外心脏挤压应以每分钟 60~80 次为宜。（　　）
6. 铜芯导线与铝芯导线的连接方法是一样的。（　　）
7. 熔断器的额定电流必须大于或等于所装熔体的额定电流。（　　）
8. 当电动机有焦臭味或发出不正常的噪声时，应立即停机检查。（　　）
9. 稳压二极管可以串联使用，也可以并联使用。（　　）
10. 三极管发射极所标箭头方向即为电流方向。（　　）

四、简答题（每题 5 分，共 30 分）

1. 在低压供电系统中，三相负载不平衡会有什么影响？

2. 什么是保护接地？保护接地分为哪几种类型？

3. 什么是自锁？什么是联锁？

4. 三相笼型异步电动机在安装使用前应做哪些检查？

5. 什么是整流？整流器由哪几部分组成？

6. 如下图所示是普通串联型稳压电源原理图，试分析当该直流稳压电源由于某种原因使 U_o 升高时，电子稳压电路是如何调整的？

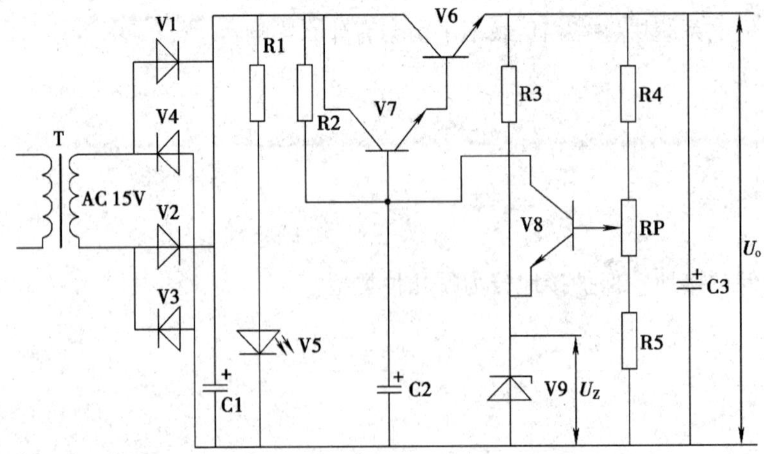

五、作图题（5 分）

有两台三相笼型异步电动机 M1、M2，M1 启动后，M2 方可启动。试设计控制线路原理图，并使线路具有短路和过载保护功能。

六、计算题（5 分）

一只 220 V/25 W 的灯泡接在 $u=220\sqrt{2}\sin(314t+60°)$ V 的电源上，求灯泡的工作电阻，并写出电流的瞬时值表达式。